DEUTSCHE AKADEMIE DER WISSENSCHAFTEN ZU BERLIN

VORTRÄGE UND SCHRIFTEN

HEFT 33

DÜNGUNGSFRAGEN

von

Prof. Dr. Eilh. Alfred Mitscherlich

1949

AKADEMIE-VERLAG BERLIN

Erschienen im Akademie-Verlag GmbH., Berlin NW 7, Schiffbauerdamm 19
Lizenz-Nr. 156 · 4709/49—6423/49
Gedruckt in der Buchdruckerei Oswald Schmidt GmbH., Leipzig M 118
Bestell- und Verlagsnummer 2003/33
Preis DM 1.75

DÜNGUNGSFRAGEN

1. Über die genaue Ermittelung der notwendigen Düngergaben an Phosphorsäure und an Kali

Vor ungefähr hundert Jahren lehrte uns Justus *v. Liebig*, daß die Pflanzen bestimmte Stoffe, so vornehmlich Phosphorsäure, Kali und Stickstoff, zu ihrer Ernährung im Boden vorfinden müssen, Stoffe, die man darum als „Pflanzennährstoffe" bezeichnete. Noch wußte man aber weder, wie große Mengen von diesen im Boden vorhanden sein müssen, um möglichst hohe Pflanzenerträge zu erzielen, noch, wie große Mengen davon der einzelne Boden enthält. – Erst, wenn man das beides weiß, kann man ja sagen, wie große Mengen von diesen Nährstoffen im Einzelfalle auf einem Boden gedüngt werden müssen.

Das Problem, festzustellen, wie große Mengen von einem jeden dieser drei Nährstoffe zu Höchsterträgen erforderlich sind, hat man zunächst ganz beiseite gelassen; dagegen haben sich Generationen von Agrikulturchemikern in allen Ländern darum bemüht, im Boden gerade diejenigen Nährstoffmengen zu bestimmen, welche die Pflanze auszunutzen vermag; denn es wurde bald klar, daß von den ganzen Mengen dieser in einem Boden vorhandenen Stoffe nur ein ganz beschränkter Teil für die Pflanze aufnehmbar und ausnutzbar ist. – Die „quantitative chemische Bodenanalyse" mußte darum hier vollkommen versagen! – Es kam darauf an, die im Boden vorhandenen Nährstoffmengen in gleicher Weise zu lösen und zu bestimmen, wie sie von den Pflanzen aufgenommen werden können und diesen zugänglich sind.

Es sind hierfür in den letzten sechzig Jahren unzählige Lösungsmethoden, sogenannte „chemische Bodenanalysen" und auch eine ganze Reihe von biologischen Methoden ausgearbeitet worden. Bei den Letzteren überließ man die Lösung der Pflanzennährstoffe Bakterien, wie z. B. dem Azotobacter chroococcum, oder Pilzen, wie dem Aspergillus niger oder gar den höheren Pflanzen, so den Keimpflänzchen unseres Roggens. Doch keine von all diesen Methoden war in der Lage, die Nährstoffmengen in kg/ha festzustellen, welche unsere Pflanzen aufzunehmen vermochten. Man begnügte sich damit, sogenannte „Grenzwerte" für jede Methode festzulegen. Besaß dann ein Boden mehr von dem betreffenden Nährstoffe, so mußte eine Düngung damit erfolglos sein. Diese Grenzwerte waren empirisch festgestellt worden und wurden zuweilen sogar nach der anzubauenden Kulturpflanze, nach der Art des Bodens u. a. m. differenziert.

Alle diese Methoden waren „konventionelle Methoden"; sie suchten, ihre Ergebnisse mit der Höhe der auf einem Boden zu erreichenden Pflanzenerträge irgendwie in Einklang zu bringen. Das gelang bei den verschiedenen Methoden mehr oder weniger gut. Es ist das deutlich klargestellt worden durch die großen Gemeinschaftsarbeiten der Internationalen Bodenkundlichen Gesellschaft, bei der vergleichende Untersuchungen mit über 28 verschiedenen Phosphorsäure- und mit über 14 verschiedenen Kali-Methoden bei über 120 verschiedenen Bodenarten ausgeführt worden waren[1]).

Da alle Bodenarten naturgemäß chemisch ganz außerordentlich verschieden sind, verhielten sie sich auch gegenüber den einzelnen Lösungsmitteln ganz verschieden, und so kam es, daß mal bei dem einen, mal bei dem anderen Lösungsmittel mal der eine, mal der andere Boden ganz wesentliche Abweichungen gegenüber dem Vegetationsversuche aufweisen mußte. Man einigte sich so auf eine Methode, die die meisten „Treffer" aufwies, bei der also die meisten Ergebnisse mit denen des Vegetationsversuches, wenigstens der Richtung nach, übereinstimmten, war sich aber darüber klar, daß auch diese Methode nur die extremen Bodenarten richtig kennzeichnen konnte. Hat so ein Boden überhaupt zu geringe Mengen an Phosphorsäure, so muß er ja auch bei jeder Lösungsmethode zu geringe Mengen davon aufweisen; hat er übermäßig große Mengen davon, so konnte man vielleicht auch annehmen, daß er genügende Mengen für Höchsterträge enthielt, und somit nicht gedüngt zu werden braucht! Die zu gebende Düngung nach irgendeiner dieser Methoden quantitativ in dz/ha zu bestimmen, war jedenfalls nicht möglich!

Wenn man durch viele Methoden das gleiche Ziel erreichen will, und immer wieder neue Methoden hierzu ausgearbeitet werden, ist das meist ein Zeichen dafür, daß sich unsere Wissenschaft in eine Sackgasse verlaufen hat; so war es bei der „mechanischen Bodenanalyse", und so ist es auch bei der „chemischen Bodenanalyse". Irgendwelche *Grundlagen* stimmen dann nicht!

In unserem Falle war das Ergebnis ja nicht zu verwundern; denn einmal stellte man ja den Nährstoffgehalt der eingesandten Bodenprobe in *Gewichts*prozenten des trockenen Bodens fest, während den Pflanzen ein Boden*volumen* zur Verfügung steht; dann entnahm man den Boden für diese Untersuchungen auch nur aus der Ackerkrume, während doch auch die tieferen Bodenschichten (wieweit?) für die Nährstoffaufnahme durch die Pflanzen mit in Betracht kommen; aber vor allem sind ja alle diese Lösungsversuche von Grund auf ganz anders geartet, als die Lösung und die Aufnahme der Nährstoffe durch die Pflanze im Boden vor sich geht! – So ist zunächst die Lösungsgeschwindigkeit eine Zeitfunktion, wobei hier von vornherein nicht der Umstand in Übereinstimmung zu bringen ist, daß den Pflanzen hierzu die ganze, lange Vegetationszeit zur Verfügung steht, während die „chemische Bodenanalyse" das gleiche Ergebnis sehr schnell, womöglich schon in einem Tage, schaffen soll, damit man dann auch möglichst zahlreiche derartige Untersuchungen auszuführen vermag. – Auch das Verhältnis vom Boden zum Lösungsmittel muß ja notwendig bei der chemischen Analyse ein anderes sein, als bei der Vegetation; und ebenso werden die gelösten Stoffe anders von den Pflanzen aus der Lösung entfernt, als man das im Laboratorium durch Filtrieren bewerkstelligen kann. Auch hierdurch wird die weitere Lösungsgeschwindigkeit des Nährstoffes entschieden anders beeinflußt. Daß auch die Temperatur und die Konzentration des Lösungsmittels (z. B. der Kohlensäuregehalt des Wassers) nicht den natürlichen Verhältnissen anzupassen ist, mag hier nur der Vollständigkeit halber mit erwähnt werden.

Aus allen diesen Gründen bleiben alle diese „Schnellmethoden" – mögen sie nun durchgeführt werden, wie man das auch will! – „konventionelle Methoden", die keine direkte Beziehung zur Höhe des Pflanzenertrages haben können. Daher ist es auch ganz unmöglich, gerade diejenigen Nährstoffmengen im Boden zu bestimmen, welche die Pflanze aufzunehmen vermag, und ebensowenig vermag man so, festzustellen, wie große Mengen von diesen Nährstoffen im Boden vorhanden sein müssen, um Höchsterträge zu zeitigen.

Es war mir nun vergönnt, dieses Problem der chemischen Bodenanalyse, welches unsere Wissenschaft seit vielen Jahrzehnten intensiv beschäftigt hat, von einer anderen Seite aus, nämlich von der pflanzenphysiologischen, zu lösen. – Wir wissen jetzt, daß der Pflanzenertrag bei Zuführung eines Nährstoffs proportional dem an einem bestimmten Höchstertrage fehlenden Ertrage steigt. Nehmen wir hier zur leichteren Übersicht das Beispiel der Gleichheit, so daß mit einer Nährstoffeinheit also gerade 50% des betreffenden Höchstertrages erreicht werden, während ebenfalls 50% noch an diesem fehlen, so wird der Ertrag durch eine zweite Nährstoffeinheit um weitere 25% auf 75% gesteigert, während weitere 25% an dem Höchstertrage fehlen, durch eine weitere Nährstoffeinheit, dann um weitere 12,5%, während 12,5% am Höchstertrage fehlen, durch die nächste um weitere 6,25% usf. (vgl. die gestrichelten Erträge in der Abbildung auf S. 9.)

Die absolute Höhe des Höchstertrages wird nun meist unbekannt sein, da sie experimentell nie mit Sicherheit feststellbar ist! – Doch wir können ja auch unsere Ertragssteigerungen in Prozenten des Ertrages des ungedüngten Feldes berechnen. – Mit der zweiten Nährstoffeinheit steigt so der Ertrag von 50 auf

75, das ist um 50% von 50; mit der nächsten Nährstoffeinheit von 75 auf 87,5, das sind um 16,7% von 75; und durch die nächste Nährstoffeinheit von 87,5 auf 93,75. Diese 6,25 sind wiederum 7,1 % von 87,5, ... – Die Ertragssteigerung wird also bei gleichhoher Nährstoffgabe in Prozenten des auf dem ungedüngten Felde geernteten Ertrages um so geringer, je mehr von dem betreffenden Nährstoffe der Boden bereits enthält! –

Die Höhe dieser Ertragssteigerung kann man nun einmal für jede beliebig große Düngermenge, dann aber auch für jeden beliebigen Nährstoffgehalt des Bodens aus der vorliegenden Kurve berechnen, und zwar wie zuvor in Prozenten des Ertrages des ungedüngten Feldes. Man wird dabei stets eine ganz bestimmte Abnahme der prozentischen Ertragssteigerung mit der Steigerung des Nährstoffgehaltes des Bodens feststellen. Ich habe so diese Ertragssteigerungen fortlaufend mit der Steigerung des Nährstoffgehaltes in der folgenden Tabelle aus den in der Abbildung zu ersehenen Kurven berechnet, wobei ich annahm, daß der Boden einmal mit

160 kg/ha P_2O_5, entsprechend 2,0 kg/25 qm Superphosphat, bzw. mit

160 kg/ha K_2O, entsprechend 0,8 kg/25 qm 50%igem schwefelsaurem Kali, bzw. mit

120 kg/ha N, entsprechend 1,5 kg/25 qm schwefelsaurem Ammoniak zu Hackfrüchten gedüngt wurde.

Nur diese *eine* Gabe eines Nährstoffes ist heute für einen Düngungsversuch noch erforderlich! Natürlich können dabei auch andere Mengen gegeben werden, dann sind aber naturgemäß die nachstehenden Tabellenzahlen dementsprechend umzurechnen:

Jetzt haben wir nun die umstehende Tabelle berechnet und nun drehen wir die ganze Sache um! – Wir stellen jetzt einen Düngungsversuch mit dieser Gabe eines Nährstoffes an und finden dabei, daß durch diese Düngung der Ertrag des ungedüngten Bodens um ganz bestimmte Prozente steigt, demzufolge müssen – so lesen wir jetzt aus dieser Tabelle ab! – soundso viele

kg/ha	P%	K%	N%	kg/ha	P%	K%	N%	kg/ha	N%
10	601	728	993	160	11,0	22,6	51	440	12,7
20	281	382	491	170	9,4	20,1	47	440	11,8
30	174	242	325	180	8,1	18,2	43	460	10,9
40	121	173	242	190	7,0	16,4	40	480	10,1
50	89	131	190	200	6,0	14,5	38	500	9,4
60	69	105	156	220	4,5	11,7	33	520	8,6
70	55	85	133	240	3,3	9,6	30	540	7,9
80	44	71	114	260	2,6	7,9	27	560	7,4
90	36	60	100	280	1,9	6,4	24	580	7,0
100	30	51	88	300	1,4	6,2	22	600	6,5
110	25	44	79	320	1,1	4,4	20	630	5,9
120	21	38	71	340	0,8	3,5	18	660	5,3
130	18	33	65	360	0,6	3,0	16	700	4,6
140	15	29	59	380	0,5	2,5	15	750	4,0
150	13	26	55	400	0,4	1,9	14	800	3,4

dz/ha des betreffenden Nährstoffes in dem betreffenden Boden sein!

Durch diesen pflanzenphysiologischen Versuch ist es uns so gelungen, das Problem der chemischen Bodenanalyse quantitativ zu lösen!

Doch wir gehen nun weiter:

Aus unseren in der Abbildung zu ersehenen Kurven, die durch 30000 Felddüngungsversuche und sicher durch eine noch weit größere Zahl von Gefäßversuchen festgelegt wurden, können wir nun auch noch ablesen, wie große Nährstoffmengen in einem Boden vorhanden sein müssen, damit man z. B. 95% des Höchstertrages erntet. Es sind das 220 kg/ha P_2O_5, bzw. 330 kg/haK_2O, bzw. 1100 kg/ha N. – Wenn wir nun die aus unserer Tabelle auf Grund unseres Düngungsversuches abgelesenen Nährstoffmengen von dieser Höchstmenge in Abzug bringen, so ergibt sich daraus mit zwingender Notwendigkeit die auf diesem Boden zu gebende Düngermenge in kg/ha! Diese wird *nur* bedingt durch den jeweiligen Nährstoffgehalt des Bodens und ist völlig unabhängig von der Pflanzenart, vom Klima und allen sonstigen Bodeneigenschaften! – Damit haben wir nun das erreicht, was uns keine der chemischen oder biologischen Bodenanalysen zu geben vermochte: Wir können jetzt die zu gebende Düngermenge quantitativ in kg/ha bestimmen!

Einige Beispiele zur Benutzung unserer Tabelle mögen hier noch folgen:

Findet man bei einem Phosphorsäureversuch z. B. so eine Ertragssteigerung um 27,5%, dann beträgt der Phosphorsäuregehalt des Bodens nach der Tabelle 105 kg/ha P_2O_5, wie das nach ungefähr 10000 Felddüngungsversuchen im Durchschnitt vielleicht der Fall sein dürfte. Man müßte dann 220 – 105 = 115 kg/ha davon düngen, um damit 95% des betreffenden Höchstertrages zu ernten. Damit würde man sodann eine Ertragssteigerung um 24% erzielen! – oder, ein anderes Beispiel: Findet man bei diesen Kaliversuchen z. B. eine Ertragssteigerung um 15,1%, wie es nach dem Mittel von 10000 Kaliversuchen vielleicht der Fall sein dürfte, dann wären nach der Tabelle 210 kg/ha KO_2 im Boden und dementsprechend 330 – 210 = 120 kg/ha KO_2 zu düngen. Hierdurch würde man eine weitere Ertragssteigerung um 11,2% erhalten, so daß die Erträge durch diese bei-

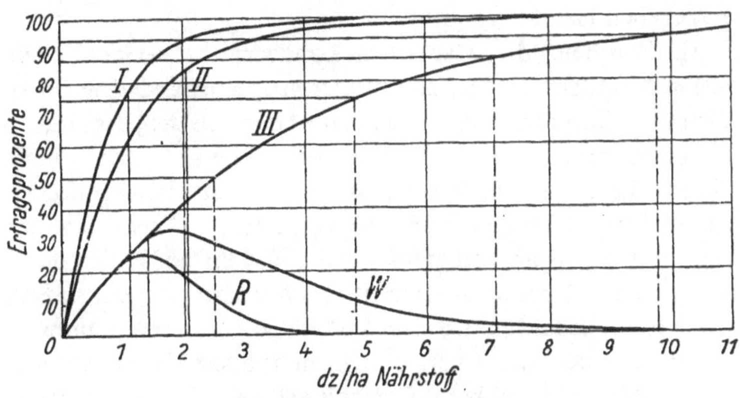

I an Phosphorsäure, II an Kali, III an Stickstoff
W = Weizen-, R = Roggen-Ertragskurve

den Nährstoffe allein um fast 40% gesteigert werden können! Wohlgemerkt: Eine derartige Ertragssteigerung unserer „Friedenserträge“ kann aber natürlich nur dann erfolgen, wenn jeder Landwirt, Bauer oder Siedler im ganzen Lande gerade diejenigen Nährstoffmengen seinem Boden zugibt, die diesem fehlen!

Theoretisch ist damit die Frage der Phosphorsäure- und der Kali-Düngung gelöst; praktisch liegen dabei noch gewisse Schwierigkeiten vor, auf die wir im dritten Teile dieser Schrift einzugehen haben.

Als Präsident der Deutschen Landwirtschafts-Gesellschaft, hier in der Ostzone, bin ich darum jetzt an unsere Landwirte, Forstwirte und Gärtner mit einem Flugblatte herangetreten, das die Aufforderung bringt: „Stellt Düngungsversuche an!“ Ich habe in diesem die einfachste Versuchsanstellung und diese einfachste Auswertung derartiger Versuche mitgeteilt. – Wenn ich nun auch fest davon überzeugt bin, daß vielleicht 20% aller dieser Versuche zunächst noch schlecht durchgeführt werden, so bitte ich doch zu bedenken, welchen Vorteil das für unsere Landwirtschaft bedeutet, wenn von derartigen 100000 Versuchen auch erst 80000 ein brauchbares Ergebnis zeitigen. Das ist viel mehr, als es je die chemische Bodenanalyse geben könnte, selbst wenn sie in der Lage wäre, pflanzenphysiologisch brauchbare Ergebnisse zu liefern.

Ich bezwecke mit diesem Aufrufe aber noch eins: Ich möchte, daß die praktischen Landwirte dabei mehr als bisher beobachten lernen; können sie sich dann etwas nicht erklären, so werden sie sich an ihre Düngerberater wenden; wissen auch diese in dem einen oder dem anderen Falle nicht Bescheid, so werden sie sich mit der gleichen Frage an uns Wissenschaftler wenden; wissen aber auch wir hier noch nicht Bescheid, so erfahren wir dadurch, wo wir wissenschaftlich-forschend weiterarbeiten müssen! – So erhoffe ich aus diesem Anfange einen engeren Konnex zwischen Wissenschaft und Praxis und zwischen Praxis und Wissenschaft, als er je bislang bestand, zum größten Nutzen unserer landwirtschaftlichen Produktion!

Das Problem der chemischen Bodenanalyse ist so pflanzenphysiologisch für die Phosphorsäure- und die Kalidüngung gelöst. Wir wissen aber noch weiter, daß wir, um möglichst bald höchste Ertragssteigerungen durch diese Düngungen zu erzielen, zunächst alle die Bodenflächen damit zu düngen haben, welche die geringsten Mengen an diesen Nährstoffen enthalten und dabei bereits ohne diese Düngung möglichst hohe Erträge erbringen. – Wir wissen ferner aber auch aus Versuchen, daß wir von diesen Nährstoffen gern fünfmal so große Mengen geben können, wie zu den betreffenden Höchsterträgen erforderlich sind, ohne daß die Pflanzen dadurch geschädigt werden. Daß man das aber im Interesse des eigenen Geldbeutels nicht tun wird, da man ja dadurch keine Ertragssteigerung mehr erzielt, und, daß man das auch im Interesse der Allgemeinheit nicht tun darf, da diese Düngermengen, an der richtigen Stelle verwendet, wesentliche Ertragssteigerungen zur Folge haben können, ist selbstverständlich!

2. Das Problem der Stickstoffdüngung

Bei der Stickstoffdüngung liegen nun diese Verhältnisse ganz anders. Hier sind Düngungsversuche von vornherein für die Praxis nicht erforderlich, da fast ein jeder Boden auf eine Stickstoffdüngung reagiert. Auf Grund von ungefähr 10000 Felddüngungsversuchen sind nämlich von den 1100 kg/ha N, die zur Erzielung von 95% des betreffenden Höchstertrages erforderlich sind, nur 140 kg/ha N im Boden! – Der Ertrag steigt nun mit der Stickstoffdüngung (siehe Abbildung, Kurve III) sehr viel langsamer als mit der Kali- und mit der Phosphorsäuredüngung. Da er aber bei dem so geringen Stickstoffgehalte des Bodens absolut noch äußerst niedrig ist, so muß die prozentische Ertragssteigerung mit diesem Nährstoffe wiederum eine ganz besonders hohe sein, was uns auch aus der landwirtschaftlichen Praxis bekannt ist! – Immerhin muß es ja seine bestimmte Ursache haben, warum alle unsere Bodenarten derart stickstoffarm sind, während viele Böden derart große Phosphorsäure- und Kalimengen besitzen, daß diese bereits zur Erzielung von Höchsterträgen ausreichen, und man die, welche diese Mengen noch nicht haben, jederzeit durch eine Düngung noch so weit anzureichern vermag!

Die Ursache für diese Erscheinung liegt darin, daß alle unsere stickstoffhaltigen Düngemittel, die wir als künstliche Düngung verabfolgen, leicht wasserlöslich sind, und daß der Stickstoff in ihnen nicht so wie die anderen Nährstoffe vom Boden absorbiert und dadurch dann erst allmählich den Pflanzen zur Verfügung gestellt wird. Wir wissen so aus der Praxis, daß man deshalb in diesen Düngemitteln zu Getreide kaum mehr als 60 kg/ha N geben darf, wenn man nicht Lagerfrucht und dadurch Ertragsdepressionen erhalten will, und daß man auch allen anderen Feldfrüchten kaum mehr als 120 kg/ha N geben darf. – Was bedeutet das aber, wenn man weiß, daß dem Boden noch mehr als 900 kg/ha davon fehlen!

Geben wir zum Getreide mehr, so bestockt es sich in der Jugend zu stark; es steht dann zu dicht, geht geil nach dem Licht, die Halme werden zu schwach, die reifenden Ähren zu tragen, und gehen ins Lager, bevor die Körner ausreifen! – Wir könnten das vermeiden, wenn wir die höheren Stickstoffgaben erst dann geben, wenn die Bestockung beendet ist, und das Getreide bereits anfängt zu schossen!– Wir haben bei derartigen Versuchen in diesem Jahre durch entsprechende Beregnungen mit einer zweipromilligen Kalkammonsalpeter-Lösung und dabei einer Gesamtstickstoff-Düngung von bis 420 kg/ha N auf unserem lehmigen Sandboden bei Winterweizen fast ohne Lager Stroh wie Schilf und Kornerträge bis zu 80 dz/ha erzielen können. Dabei muß man aber dafür sorgen, daß der Boden ständig mit Wasser gesättigt ist, was naturgemäß nur lokal dort möglich ist, wo man über eine entsprechende Beregnungsanlage verfügt. Dann kann man auch Kartoffeln, wenn sie gerade mit ihrem Laube die Furchen bedecken, mit Stickstofflösungen in gleicher Weise beregnen, wobei wir im Vorjahre Erträge bis zu 800 dz/ha an Knollen ernten konnten. In jedem Falle hat man dafür zu sorgen, daß die Bodenlösung eine Konzentration von drei pro Mille nicht überschreitet, da sonst plasmolytische Erscheinungen und dadurch Ertragsdepressionen auftreten müssen. Das ist möglich, wenn man ständig diejenigen Wassermengen dem Boden wiedergibt, welche die freie Wasseroberfläche in der gleichen Zeit verdunstet, zuzüglich, je nach der Entwicklung der betreffenden Pflanze, bis zu 50%.

Ist eine derartige Naßhaltung des Bodens nicht möglich, dann können wir kaum über 120 kg/ha N herausgehen, ohne daß in Trockenheitsperioden plasmolytische Erscheinungen auftreten, und bei Getreide kaum über 60 kg/ha düngen. Dabei ist es ganz gleich, wie hoch sonst der Stickstoffgehalt des Bodens ist, die Ertragsdepression wird lediglich durch die zu hohen Gaben von den leicht wasserlöslichen N-Düngemitteln herbeigeführt. In der Abbildung habe ich eine Reihe derartiger Depressionskurven dargestellt. Für die Roggenkurve lagen hier über 1360 Düngungsversuche vor; die Depression war dabei so stark, daß nur 25% des vom Roggen durch die Stickstoffdüngung zu erwartenden Höchstertrages zustande kam! (Vgl. die Abbildung S. 9, Kurve R.)

Wenn nun der Stickstoffgehalt unserer Böden auch durchschnittlich ganz außerordentlich niedrig ist, so gibt es doch auch Bodenarten, die ganz außerordentlich fruchtbar sind, wie gewisse Tieflandmoorböden, da sie fast zu Höchsterträgen ausreichende Mengen an Stickstoff besitzen! Auch sind meist unsere guten Gartenböden wesentlich stickstoffreicher. Man muß also einen Boden trotz alledem mit Stickstoff anreichern können, wenn man auch an leicht wasserlöslichen Stickstoffmengen eigentlich nie mehr zu geben vermag, als man dem Boden immer wieder in der nachfolgenden Ernte entnimmt. –

Der Weg, den Boden stärker mit Stickstoff anzureichern, führt zunächst über die Stalldüngung und über die Gründüngung, in welchen der Stickstoff nicht in so leicht wasserlöslicher Form gegeben wird, sondern ganz allmählich den Pflanzen während der langen Vegetationszeit zur Verfügung steht. Von Böden, die jahrzehntelang und sehr intensiv mit derartigen Düngemitteln versorgt wurden, sagt man, sie „stehen in alter Kultur“. Sie sind ertragreicher, da stickstoffreicher. So z. B. meist die Böden der Schläge, die in der Nähe des Wirtschaftshofes gelegen sind. – Der Weg zur Stickstoffanreicherung unserer Böden ist also gegeben; aber noch steht zu erforschen, wie wir nun möglichst bald zu unserem Ziele kommen können. Wir müssen dazu noch lernen, wie man die Gründüngung zu behandeln hat, um sie möglichst stickstoffreich zu machen, und wie wir zweckmäßig unseren Stalldünger behandeln müssen. Vorversuche haben mir so z. B. gezeigt, daß man durch Schafmist um 100% höhere Erträge an Kartoffeln und an Mais ernten kann, als bei einer Düngung von frischem Pferdedung, da sich in ersterem ständig, während der ganzen Vegetationszeit, Salpeter im Boden bildete. – Es sind hier ganz außerordentlich viele und große Möglichkeiten, voranzukommen; und der Weg dazu steht jetzt offen, nachdem wir durch den Stickstoffdüngungsversuch, den wir nach Brache oder nach einer Gründüngung oder einer bestimmten Stalldüngung auf dem nachfolgenden Kartoffelschlage mit 120 kg/ha N (siehe Tabelle S. 8!) ausführen, jetzt genau festzustellen vermögen, um wieviel mehr Stickstoff diesen Kartoffeln durch diese organische Stickstoffdüngungen zur Verfügung standen. Auch das läßt sich jetzt genau in kg/ha N ermitteln. Die Aussichten, unsere Erträge durch diese organischen Düngemittel noch in ganz ungeahnter Weise zu steigern, sind außerordentlich groß. Sind doch, um 95% des Höchstertrages mit einer Stickstoffdüngung zu erreichen, nach dem Mittel von etwa 10000 Felddüngungsversuchen Ertragssteigerungen von 190% zu erwarten, *wenn wir über diese Ertragsdepressionen hinwegkommen können*! Das ist sicher des Schweißes der Edlen wert.

Natürlich drängt sich dabei auch die Frage auf, ob man nicht auch derartige schwerlösliche stickstoffhaltige Düngemittel künstlich herstellen kann, etwa dadurch, daß der Stickstoff chemisch oder biologisch durch organische Substanzen im großen gebunden wird, und sodann in größeren Gaben gedüngt werden kann, oder, daß er auch dazu irgendwie in größeren Mengen anorganisch absorbiert wird. Auf dieses Problem habe ich bereits unsere Düngemittelfabriken hingewiesen. Auch selbst haben wir bereits derartige Versuche in Angriff genommen; doch sind uns z. Zt. leider hierfür alle Arbeitsmöglichkeiten genommen! – In jedem Falle kann hier nur der Stickstoff-Düngungsversuch den Nachweis erbringen, was man durch diese oder jene Maßnahme dabei wirklich erreichen konnte. Wir haben es aber jetzt gelernt, mit Pflanzenerträgen quantitativ zu arbeiten und dürften darum auch hierin bald weiter kommen können.

3. Zur Technik des Felddüngungsversuches

Die Technik des Felddüngungsversuches hat in den letzten 50 Jahren so manche Wandlung erfahren und dürfte auch heute wiederum einer weiteren Wandlung entgegengehen. Als ich vor 40 Jahren an den diesbezüglichen Beratungen der ostpreußischen Landwirtschaftskammer teilnahm, kostete es mich harte Kämpfe, die Landwirte davon zu überzeugen, daß man kleinere Teilstücke mit häufigerer Wiederholung anlegen müsse, wenn man wirklich ein brauchbares Ergebnis erzielen wollte! – Hatte doch die damalige Deutsche Landwirtschafts-Gesellschaft Teilstücke von 100, besser von 200 qm in Vorschlag gebracht und sich mit höchstens einer Wiederholung dieser Versuche begnügt! So erwiderte man mir damals, daß man ja nicht wissenschaftliche, sondern praktische Versuche anstellen wolle, und daß darum eine derart genaue Versuchsanordnung, wie ich sie forderte, keineswegs am Platze sei! – Man übersah damals vollkommen, daß der größte Fehler beim Feldversuche in der ungleichartigen Beschaffenheit des Bodens auf dem Versuchsfelde zu suchen sei, und daß eine derartige Ungleichartigkeit ja bereits innerhalb des einzelnen größeren Teilstückes vorliegen konnte, und damit auch für die landwirtschaftliche Praxis völlig unbrauchbare Ergebnisse zeitigen mußte!

Die Zeiten und die Methode des Felddüngungsversuches sind inzwischen andere geworden. Man hat sich daran gewöhnt, bei uns wenigstens vier, oft sogar sechs Parallelversuche durchzuführen, während man z. B. in Dänemark schon bald auf zehn Parallelversuche heraufging. Auch war man zu viel kleineren Teilstückgrößen bereits übergegangen. Darüber hinaus haben wir dann noch durch die verschiedensten Ausgleichsmethoden gerade diesen Fehler der Bodenungleichheit bei den Feldversuchen auszuschalten gelernt[2]). Dadurch haben wir den Versuch mit einer derartigen Genauigkeit ausführen können, daß die Größe der Versuchsfehler nur noch 1 bis höchstens 2% der gemessenen Größe, das ist unseres Pflanzenertrages, ausmachte!

Damit war in der Tat das Problem des Felddüngungsversuches für unsere wissenschaftlichen Arbeiten gut gelöst worden; es war aber noch keineswegs gelöst für die landwirtschaftliche Praxis! – Denn, wenn wir nun auch auf Grund eines derartigen exakten Felddüngungsversuches genau wissen, wieviele Mengen an Kali und an Phosphorsäure z. B. in einem Boden sind, so gilt dieses Ergebnis doch immer erst für diese kleine Fläche Landes, auf der gerade dieser Düngungsversuch festgestellt wurde, und noch keineswegs für den ganzen Schlag, auf dem dieses Versuchsfeldchen lag! Denn dieser ganze Schlag kann ja an den verschiedenen Teilen hinsichtlich seines Gehaltes an Kali oder ebenso auch an Phosphorsäure bzw. an Stickstoff sehr unterschiedlich sein, was man ihm keineswegs irgendwie anzusehen vermag. Eine physikalische Verschiedenheit des Bodens braucht dabei ja noch keineswegs hierin eine Verschiedenheit mit sich bringen! – Wir müßten also, um das erkennen zu können, unseren exakten Felddüngungsversuch an möglichst vielen Stellen des ganzen Schlages wiederholen, um so ein durchschnittliches Ergebnis zu erhalten, nach dem dann die zu gebende Düngermenge genau den Verhältnissen angepaßt werden kann.

Wohlgemerkt: Wir arbeiten jetzt „für die Praxis!“, und da wird es uns wohl gar zu bald klar werden, daß man solche Anforderungen an den praktischen Landwirt allein aus technischen Gründen nie zu stellen vermag! Im folgenden wollen wir nun versuchen, auch dieses Problem des Felddüngungsversuches einer Lösung näher zu bringen. Dazu ist erforderlich, zunächst bereits den Einzelversuch, möglichst ohne Wiederholungen so genau, wie nur irgendmöglich, auszuführen!

Das Wirkungsgesetz verlangt nun, daß alle Wachstumsfaktoren bei den vergleichenden Versuchen, also z. B. bei dem ohne und dem mit einer Kalidüngung versehenen Teilstücke, während der ganzen Vegetationszeit ganz gleich zu gestalten sind, da wir nur dann die Wirkung der Kalidüngung exakt festzustellen vermögen! – Hierzu gehört aber beim Feldversuche zunächst, daß der Boden auf dem mit Kali gedüngten Teilstücke unbedingt der gleiche sein muß, wie der auf dem Teilstücke, das keine Kalidüngung erhielt. – Stellen wir nun keine Parallelversuche an, mit deren Hilfe wir die ungleichartige Bodenbeschaffenheit nachträglich ausschalten könnten, so müssen wir auf andere Weise eine möglichste Garantie für die Gleichartigkeit des Bodens auf den beiden Versuchsteilstücken haben!

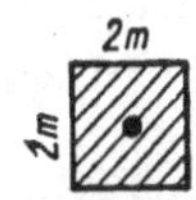

Schema I

Hierfür können wir nun nur eine einzige Voraussetzung machen, und das ist die, daß der Boden, je dichter er um einen Punkt herum gelagert ist, um so gleichmäßiger sein muß! (Schema I.) Das führt nun wieder dazu, die Versuchsteilstücke selbst möglichst klein zu nehmen und sie hart an einander anzulegen! – Um das letztere zu ermöglichen, werden wir Längsparzellen nehmen, deren Längsseite vielleicht vier- bis fünfmal so lang ist wie ihre Querseite, so z. B. bei Getreide solche von einmal fünf qm, bei Hackfrüchten solche von 2,5 mal 10 qm. Noch weiter werden wir aber auch in der Teilstückgröße kaum heruntergehen können, da dann die Anzahl der Pflanzen auf dem einzelnen Teilstücke zu gering wird, und durch die verschiedenen Individualitäten der Einzelpflanzen von neuem größere Fehler auftreten könnten. Auch darf eine Beschattung der Pflanzen durch das Nachbarteilstück keinen nachteiligen Einfluß auf die Höhe des Ertrages herbeiführen!

Legen wir nun Teilstücke von je ein mal fünf Quadratmeter mit ihrer Längsseite aneinander, so werden sie nicht nur möglichst dicht um einen Punkt herum liegen, sondern sogar um eine Linie von drei Meter Länge (Schema II), wodurch eine noch größere Garantie für die Gleichartigkeit des Bodens gegeben ist; legen wir zwei Teilstücke von 2,5 mal 10 qm mit ihrer Längsseite zusammen, so liegen diese mit ihrer weitesten Entfernung zwar nicht mehr 1 m von dem betreffenden Punkte, bzw. der betreffenden Linie entfernt, sondern bereits 2,5 m, dafür aber wiederum nicht nur um einen Punkt herum, sondern um eine Linie von 5 m Länge! (Schema III). – Immerhin scheint mir damit, soweit wie nur möglich, die Garantie für die Gleichartigkeit des Bodens gegeben zu sein, sofern man immer nur die Erträge von zwei längs aneinanderliegenden Teilstücken miteinander vergleicht!

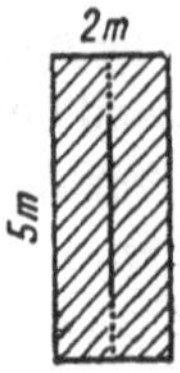

Schema II

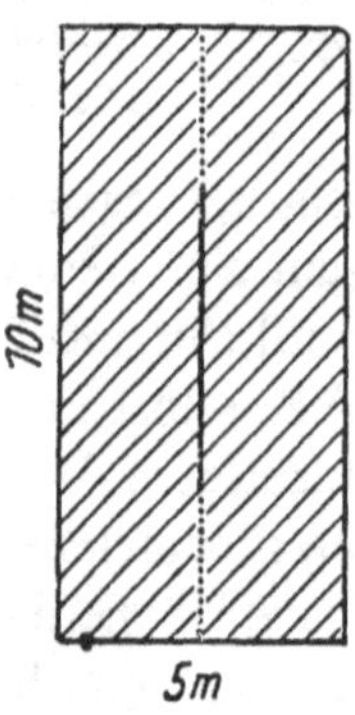

Schema III

Ist das aber der Fall, so werden wir ja unsere Versuche, auch ohne Ausführung von Parallelversuchen mit einer Genauigkeit von wohl $\pm 2\%$ des bestimmten Ertrages ausführen können, und, da die Schwankungen im Kaligehalt z. B. über unseren ganzen Schlag hinweg größer sein dürften, so kann man sich für praktische Zwecke die Anstellung von Parallelversuchen an den einzelnen Versuchsstellen wohl ersparen! Dagegen wird es zweckmäßig sein, wenn möglich die gleichen Düngungsversuche an verschiedenen Stellen des gleichen Schlages durchzuführen, um dann aus diesen verschiedenen Versuchen das Mittel und die Versuchsschwankung zu errechnen. In einem Flugblatte der D. L. G. habe ich zunächst auch von der Anstellung weiterer Versuche auf dem gleichen Schlage abgesehen; mir lag daran, den Düngungsversuch erst zum „Handwerkszeug" des Bauern auszugestalten, und dazu mußte er so einfach, wie nur irgendmöglich, sein! – Um dabei aber auch gleichzeitig die Düngung an Kali und an Phosphorsäure zu bestimmen, habe ich einen dreiteiligen Versuch vorgesehen, und zwar bei gleichgroßen Stickstoffgaben 1. nur Phosphorsäure, 2. Phosphorsäure und Kali und 3. nur Kali. Von diesen Düngemitteln habe ich dabei, wie wir sahen, möglichst hohe Gaben in Vorschlag gebracht, da dadurch die Versuchsergebnisse sicherer werden; dagegen brauchen gesteigerte Gaben des einzelnen Nährstoffes jetzt nicht mehr gedüngt zu werden, da sich hier alles weitere aus dem Wirkungsgesetze folgern läßt.

Will man nun mehrere derartige einfache Düngungsversuche auf dem gleichen Schlage durchführen, so könnte man längs über den Schlag mit dem Düngerstreuer streifenweise nebeneinander die verschiedenen Düngemittel in den betreffenden Gaben düngen und dann quer dazu die einzelnen Teilstücke von je 5 bzw. je 10 m Länge an verschiedenen Stellen des betreffenden Schlages abmessen und abernten. Wichtig ist es aber dann, daß dabei auch wirklich die vorgeschriebenen Düngermengen auf diese Flächen jedesmal verabfolgt werden, da sonst die Berechnung des Nährstoffgehaltes in dz/ha und die der daraufhin zu gebenden Düngermengen in dz/ha nicht zutreffen können!

Endlich stände dann aber auch dem nichts im Wege, daß man ganz auf eine Feststellung des Versuchsfehlers für praktische Zwecke verzichtet und die Höhe der Erträge dieser ganzen langen Streifen für sich bestimmt und aus ihnen den Nährstoffgehalt des Bodens berechnet. Nur ist dabei zu berücksichtigen, daß jeder kleinere Feldversuch mit viel größerer Genauigkeit angelegt und durchgeführt zu werden pflegt, als Versuche, die sich über weite Flächen hinziehen.

Greift man darum doch auf den dreiteiligen Versuch von 7,5 mal 10 qm zurück, bei dem nur Erträge von je zwei Nachbarteilstücken, also zusammen auf je einer Fläche von 5 mal 10 qm miteinander verglichen werden, dann vermag man aber auch bei diesen noch Erscheinungen der Bodenungleichartigkeit auszugleichen und dabei gleichzeitig auch die Stickstoffwirkung auf die Erträge noch quantitativ zu bestimmen, wenn man, wie in Schema IV, zu Anfang und am Schlusse der drei Versuchsteilstücke noch ein gleichgroßes Teilstück, welches nicht gedüngt, aber sonst ganz in der gleichen Weise bestellt und bearbeitet wurde, gleichzeitig mit den drei Versuchsteilstücken quantitativ aberntet.

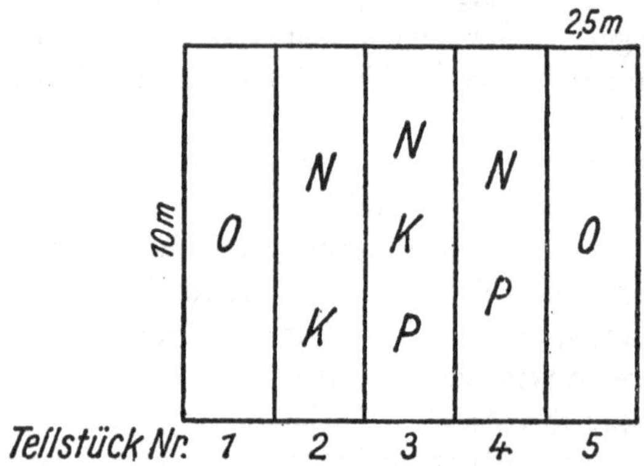

Schema IV

Weist dabei z. B. Teilstück 5 einen um 8% höheren Ertrag als Teilstück 1 auf, so sind die Erträge von Teilstück 5 um 8%, von Teilstück 4 um 6%, von Teilstück 3 um 4% und von Teilstück 2 um 2% zu verringern, bevor man zu weiteren Berechnungen übergeht. Alsdann erhält man die Stickstoffertragssteigerung wie folgt:

Sind die Erträge von Teilstück 2 und Teilstück 3 die gleichen, hat also die Phosphorsäuredüngung keine Ertragssteigerung ergeben, so ergibt sich die Ertragssteigerung durch die Stickstoffdüngung aus der Ertragsdifferenz der Teilstücke 4 minus 5. Sind die Erträge der Teilstücke 3 und 4 die gleichen, wirkt also die Kalidüngung nicht, so entspricht die Differenz der Erträge von Teilstück 2 minus Teilstück 1 der durch die Stickstoffdüngung bedingten Ertragssteigerung.

Ist dagegen z. B. durch die Phosphorsäuredüngung bei Teilstück 3 gegen Teilstück 2 eine Ertragssteigerung eingetreten, die n% von dem Ertrage des Teilstückes 3 ausmacht, so sind von dem

Ertrage des Teilstückes 4 zunächst n% in Abzug zu bringen, und es wird dann die Differenz von dem verbleibenden Ertrage minus dem Ertrage von Teilstück 5 lediglich durch die Stickstoffdüngung bedingt! Und ebenso, wird durch die Kalidüngung der Ertrag von Teilstück 4 gegen 3 um m% von dem Ertrage von Teilstück 3 gesteigert, so ist der Ertrag des Teilstückes 2 zunächst um m% zu verringern. Die dann verbleibende Ertragssteigerung gegen Teilstück 1 ist sodann wieder nur auf die Stickstoffdüngung zurückzuführen! – Der Stickstoffgehalt des Bodens läßt sich somit stets aus dem Ertrage eines jeden der beiden ungedüngten Teilstücke gesondert errechnen!

Auf einer Tagung der Düngerberater unserer Deutschen Landwirtschafts-Gesellschaft wurde angeregt, meinem früheren Vorschlage folgend, noch einen Versuch ausschließlich mit der Stickstoffdüngung vor dem Versuch ungedüngt einzuschieben. Ich gehe nun noch einen Schritt weiter und tue das auf beiden Seiten des Versuches, so daß wir dadurch im ganzen 7 Teilstücke mit folgenden Düngungen erhalten:

1	2	3	4	5	6	7
–	N	N	N	N	N	–
–	–	K	K	–	–	–
–	–	–	P	P	–	–

Schema V

Dadurch wird noch erreicht:

1. daß man in Teilstück 2 und 6 gegen 1 und 7 noch eine zweite Kontrolle für die Ausschaltung der Bodenungleichheit auf den dazwischen liegenden Teilstücken erhält,

2. daß man den Stickstoffgehalt des Bodens noch zweimal direkt aus der Ertragssteigerung auf den Teilstücken 2 gegen 1 und 6 gegen 7 feststellen kann, und
3. daß man auch in den Ertragssteigerungen der Teilstücke 3 gegen 2 und 5 gegen 6 nochmals eine Kontrolle zur Bestimmung des Kali- bzw. des Phosphorsäuregehaltes des Bodens besitzt; denn es kann ja immerhin mal vorkommen, daß der Ertrag eines einzelnen Teilstückes mit einem gröberen Fehler behaftet ist. Das würde man dann
4. bei diesen Berechnungen erkennen und daraufhin den Versuch auf diesem Teilstücke ausschalten können!

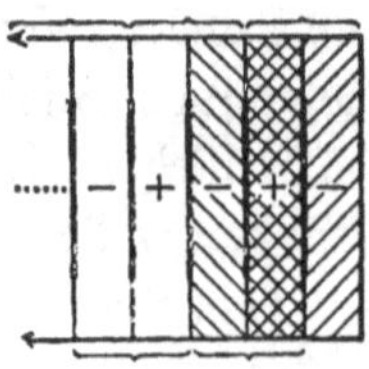

Schema VI

Will man zu irgendwelchen wissenschaftlichen Zwecken den Nährstoffgehalt einer kleineren Fläche möglichst genau bestimmen, so wird man hierzu am besten die Standartmethode unter Benutzung gleichgroßer und gleichgestalteter Teilstücke (2,5 mal 10 qm) verwenden, wobei man stets das gedüngte mit dem ungedüngten Teilstück möglichst oft wiederholt wechseln läßt. Es wird sodann die prozentische Steigerung berechnet, die der Ertrag des ungedüngten Teilstückes jeweilig gegen den des vorhergehenden und gegen den des folgenden, gedüngten Teilstückes infolge der betreffenden Düngung erfährt. Bei *n* Versuchsteilstücken erhält man so (*n*-1) Ertragssteigerungen, die man mittelt, und aus denen man mit großer Sicherheit den Fehler errechnen kann (Schema VI).

Da nach dem Wirkungsgesetze nicht mehr mit gesteigerten Nährstoffgaben Versuche angestellt zu werden brauchen, genügt hier die Düngung mit einer einzigen Düngergabe, die allerdings, um möglichst große Ausschläge zu erhalten, möglichst hoch zu bemessen ist, so z. B. 1,6 dz/ha Phosphorsäure, bzw. 1,6 dz/ha Kali, bzw. für Getreide 0,6, sonst 1,2 dz/ha Stickstoff. Wir werden mit dieser Methode stets für die betreffende Stelle das allersicherste Ergebnis bekommen! –

Das ist darum auch die Methode, nach welcher die Wirkung der Stalldünger- und die des Gründünger-Stickstoffs erforscht werden muß!

Nur z. B. bei Stickstoffdüngungsversuchen, wenn es darauf ankommen muß, den Eintritt der Ertragsdepressionen bei höheren Gaben zu studieren, wird man auch weiterhin mit gesteigerten Düngergaben Feldversuche durchführen müssen. In dem Falle verbleiben wir natürlich zweckmäßig bei der alten Methode; wir legen die verschieden gedüngten Teilstücke möglichst auf eine quadratische Fläche Landes (10 mal 10 qm) nebeneinander an (Schema VII) und lassen hier die Parallelversuche in gleicher Reihenfolge anschließen, um alsdann durch eine Ausgleichsmethode die Fehler, welche durch die Ungleichartigkeit des Bodens bedingt sind, nach Möglichkeit ausschalten zu können[2]).

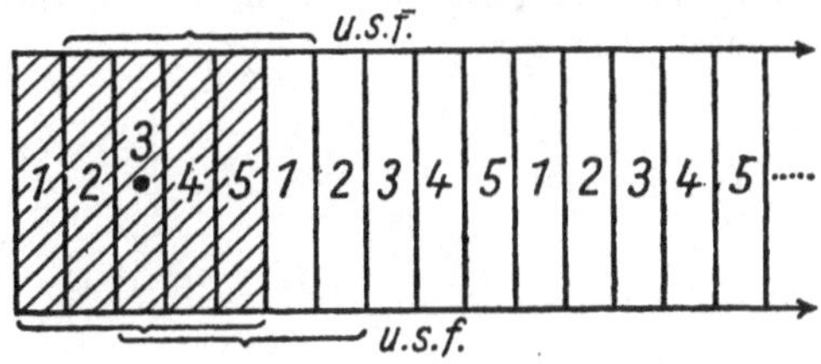

Schema VII

Literatur

[1]) Internationale Gesellschaft für Bodenkunde.

Erster Bericht über die Tagung der Arbeitsgemeinschaft zur Prüfung der Laboratoriumsmethoden zur Bestimmung des Kali- und Phosphorsäurebedürfnisses der Böden, Königsberg (Pr.) 12.–19. Juli 1936. S. 1–187.

Dgl. Zweiter Bericht Stockholm 5. Juli 1939, S. 1–56.

[2]) Eilh. Alfred Mitscherlich: „Die Verarbeitung landwirtschaftlicher und anderer biologischer Versuchsergebnisse", Schriften der Königsberger Gelehrten Gesellschaft, Naturw. Klasse 10. Jahr, Heft 7 – Verlag Max Niemeyer, Halle/Saale. 1934.

Derselbe: „Eine Methode zur Ausschaltung des systematischen Fehlers der Bodenverschiedenheiten bei Entwässerungs- und Bewässerungsversuchen." Ztschr. f. Pflanzenernährung, Düngung und Bodenkunde 37. (82.) Band, Heft 3, 1947, S. 259–264.

Derselbe: „Bodenkunde für Landwirte, Forstwirte und Gärtner, in pflanzenphysiologischer Ausrichtung und Auswertung". 5. Auflage, Verlag Max Niemeyer, Halle/Saale 1949.

DIE „VORTRÄGE UND SCHRIFTEN" WENDEN SICH AN DIE WEITEN KREISE DERER, DIE AN WISSENSCHAFTLICHER FORSCHUNGSARBEIT ANTEIL NEHMEN

Bisher sind erschienen:

Die Maßstäbe des Kosmos

Rede bei der Eröffnung der Deutschen Akademie der Wissenschaften zu Berlin am 1. August 1946, gehalten von Prof. Dr. H. Kienle. — 30 S. DM 1.50

Genuß und Betäubung durch chemische Mittel

Öffentlicher Vortrag, gehalten am 12. Juni 1947 an der Deutschen Akademie der Wissenschaften zu Berlin von Prof. Dr. Wolfgang Heubner. — 40 S. DM 2.—

Über das Naturrecht

Öffentlicher Vortrag, gehalten am 10. Juli 1947 an der Deutschen Akademie der Wissenschaften zu Berlin von Prof. Dr. H. Mitteis. — 48 S. DM 2.75

Ranke und Burckhardt

Öffentlicher Vortrag, gehalten am 22. Mai 1947 an der Deutschen Akademie der Wissenschaften zu Berlin von Prof. Dr. Friedrich Meinecke. — 36 S. DM 2.50

Pflanzenphysiologische Bodenkunde

Öffentlicher Vortrag, geh. am 26. November 1947 an der Deutschen Akademie der Wissenschaften zu Berlin von Prof. Dr. Eilh. Alfred Mitscherlich. — 24 S. DM 2.—

Über physikalisch-chemische Modelle von Lebensvorgängen

Öffentlicher Vortrag, geh. am 11. Dezember 1947 an der Deutschen Akademie der Wissenschaften zu Berlin von Prof. Dr. Karl Friedrich Bonhoeffer. — 20 S. DM 2.—

Die Ertragsgesetze

Von Prof. Dr. Eilh. Alfred Mitscherlich. — 42 S. DM 2.75

Leitmotiv der geotektonischen Erdentwicklung

Öffentlicher Vortrag, gehalten am 13. Februar 1947 an der Deutschen Akademie der Wissenschaften zu Berlin von Prof. Dr. H. Stille. — 28 S. DM 2.50

Die Ausgestaltung der Organismen — ein chemisches Problem

Öffentlicher Vortrag, gehalten am 10. Juni 1948 an der Deutschen Akademie der Wissenschaften zu Berlin von Prof. Dr. Kurt Noack. — 38 S. DM 3.—

DIE HEFTE ERSCHEINEN IN ZWANGLOSER FOLGE

MIX
Papier | Fördert gute Waldnutzung
FSC® C083411

Zeitfracht Medien GmbH
Ferdinand-Jühlke-Straße 7
99095 Erfurt, Deutschland
produktsicherheit@kolibri360.de